Copyrite 2013

Michael Richard Craig

All rettigheter reservert. Ingen bilder fra denne boken gjengis, lagres i et gjenfinningssystem eller overføres, elektronisk, mekanisk, ved fotokopi, opptak eller på annen måte, uten skriftlig tillatelse fra forfatteren.

Spesiell takk til min fantastiske, utrolige, fantastiske og omsorgsfull hustru Carol! Din støtte og tillit til meg og din tilstedeværelse av meg siden vi var barn er mer dyrebare for meg enn jeg kan uttrykke.

Ord og illustrasjoner av

Michael Richard Craig

1   2

5   6

9

3　　4

7　　8

10

Én

1

tåpelige

Face

To
2
tåpelige
ansikter

Tre
3
tåpelige
ansikter

Fire

4

tåpelige

ansikter

Fem
5
tåpelige
ansikter

Seks

6

tåpelige ansikter

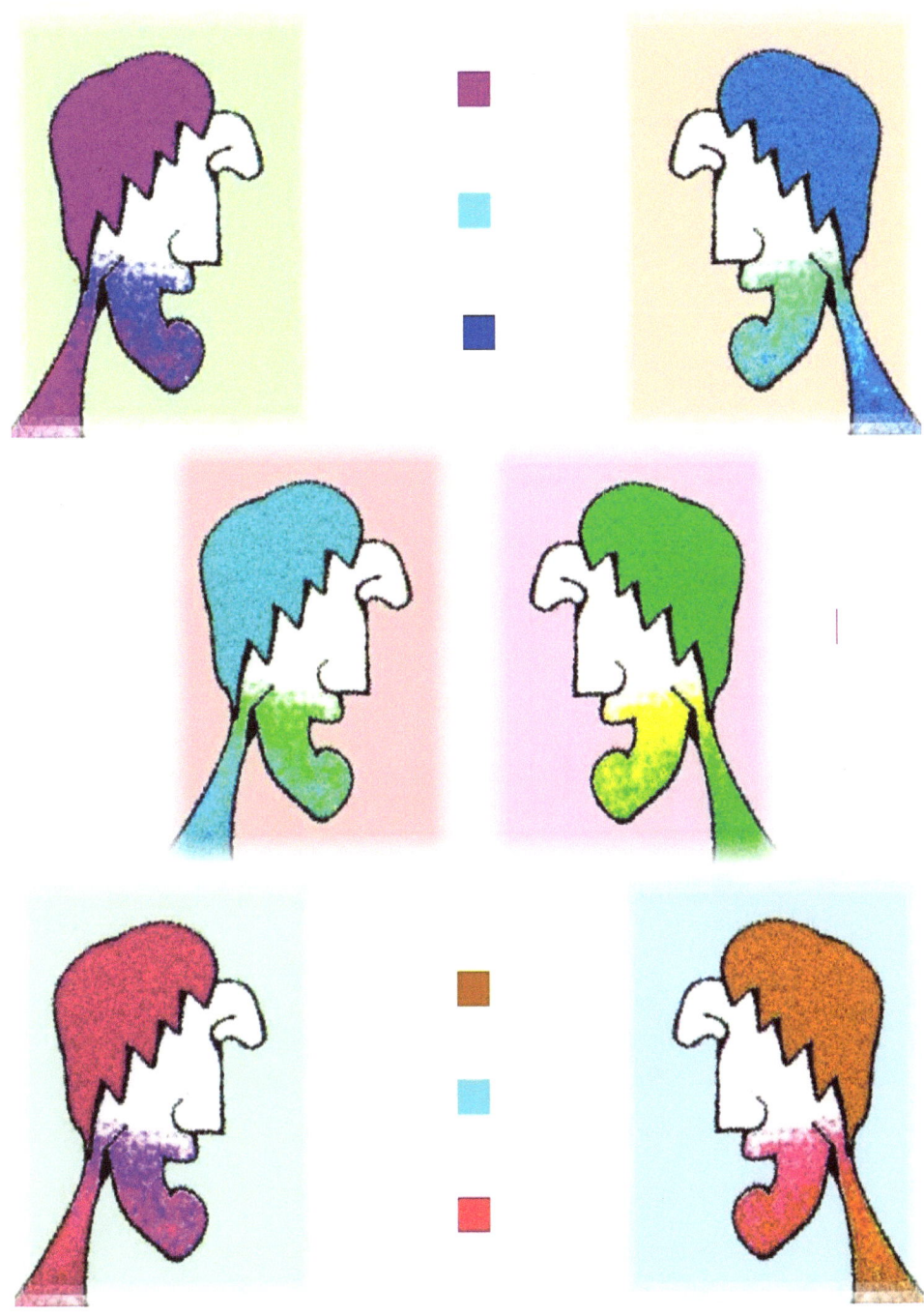

Syv
7
tåpelige
ansikter

Åtte
8
tåpelige
ansikter

Ni 9 tåpelige ansikter

Ti
10
tåpelige
ansikter

Slutten.

God jobb!

Disse ansiktene er fra samlingen

"De mange ansikter

av

Michael Richard Craig"

Dette er den første i en ti innstilt volum

av telling tåpelige ansikter til ett hundre.

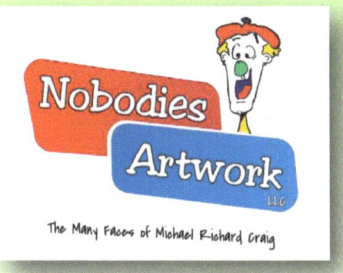

Nobodiesinc@yahoo.com

TeeGeeBeeTeeGee

www.ingramcontent.com/pod-product-compliance
Lightning Source LLC
Chambersburg PA
CBHW041120180526
45172CB00001B/352